Discovery of Dinosaurs

遇见恐龙

恐龙!恐龙!

瑾蔚 编著

陕西新华出版传媒集团
未 来 出 版 社
陕西科学技术出版社

前言

远古时期，最吸引人的生物莫过于恐龙。它们称霸了一个时代，如果不是白垩纪晚期那一场大灾难，也许会存活到今天。

恐龙的种类非常多，它们有的身材高大，有的身材矮小；有的是凶猛的捕食者，有的以植物为生；有的过着群居生活，有的喜欢独来独往；有的身披鳞甲，有的身长羽毛；有的头上长角，有的头骨厚实……

恐龙到底是怎样一种生物呢？由于时代太过久远了，我们只能通过古老的化石来探究这种远古生物的奥秘，了解它们的种类、身体特征、生活习性、分布和演化历程等，最终勾画出精彩的恐龙世界。

本书用通俗易懂的文字、极具视觉冲击力的图片，讲解了恐龙的生存年代、分类、食性、化石发现地、行走方式、生活方式、灭绝原因等知识，将恐龙的生活场景一一呈现。现在，就让我们一起探索神奇的恐龙世界吧！

目录

什么是恐龙

恐龙是一类在地球上生活了长达 1.6 亿年的爬行动物，大多身躯庞大，拥有矫健的四肢和长长的尾巴。虽然属于爬行类，但恐龙与现在的爬行动物有很大区别。

行走方式

恐龙与现在爬行动物最大的不同就在于行走方式。现在的爬行类四肢长在身体两侧，只能在地上爬行，而恐龙的四肢长在身体的正下方，能像斑马、长颈鹿那样站立和奔跑。

长长的脖子

现代的爬行动物脖子都比较短，而绝大部分的恐龙脖子都很长，尤其是那些体形庞大的恐龙，它们的脖子能长到 10 米长。

种类繁多

恐龙种类繁多，个头也有大有小，大的有十几头大象加起来那样大，小的只有一只鸡大小。它们有的吃素，有的吃肉，有的荤素通吃；有的灵活敏捷，有的则笨重愚钝。

矮暴龙

冠龙

恐龙生活的时代

中生代是指距今约 2.5 亿到 6500 万年前的一段地质时期，可分为三叠纪、侏罗纪和白垩纪三个时代。其中，三叠纪是恐龙出现的时期，侏罗纪是恐龙发展的时期，白垩纪是恐龙从鼎盛走向灭绝的时期。因此，中生代又被称为“恐龙时代”。

三叠纪

三叠纪早期，地球比较干旱，许多体形比较大的动物都灭绝了，而体形较小的爬行动物存活、繁衍了下来。到了三叠纪晚期，恐龙出现了，地球进入恐龙时代。

侏罗纪时代的恐龙

中生代

中生代是一个充满生机的时代，地球上不只有恐龙，还有其他爬行动物、两栖动物、哺乳动物和鱼类等各种动物。

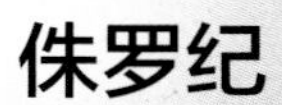

侏罗纪

侏罗纪是恐龙大发展的时代。那时候，地球气候很温暖，雨水十分丰富，到处都是繁茂的森林，为恐龙提供了充足的食物。于是，恐龙的种类和数量迅速增多，体形也向着大型化发展，出现了很多巨型恐龙。

板龙生活在三叠纪时期

白垩纪

白垩纪是恐龙生活的最后一个时代。这一时期，陆地被海洋分割，气候变得温暖干燥，开花植物空前繁盛，各种新的恐龙不断出现，并在种类和数量上都达到了顶峰。

体形变小

白垩纪时，恐龙的体形要比侏罗纪时要小，尤其是新出现的植食性恐龙。它们为了抵御肉食恐龙的袭击，进化出了有防御功能的甲片、锤、尾刺、尖角等武器。

白垩纪恐龙

恐龙的分类

恐龙的种类非常多，古生物学家根据发掘的化石将其分为两类：一类为鸟臀目，另一类是蜥臀目。在这两大分类下，恐龙又有很多较小的分支。

甲龙

主要区别

鸟臀目和蜥臀目的区别主要在于盆骨结构不同。其中，鸟臀目的盆骨与鸟类的相似；蜥臀目的盆骨与蜥蜴的相似。

蜥臀目的发展

兽脚类诞生于三叠纪晚期，灭绝于白垩纪晚期，是中生代最重要的大型陆生猎食者。蜥脚类出现于侏罗纪早期，在侏罗纪晚期达到全盛，它们在白垩纪时依然是南美洲、欧洲和亚洲重要的植食性恐龙。

恐龙

蜥臀目　鸟臀目

兽脚类　蜥脚类　剑龙类　鸟脚类　甲龙类　肿头龙类　角龙类

鸟臀目恐龙

鸟臀目是个大家族,拥有众多成员:鸟脚类、剑龙类、甲龙类、角龙类和肿头龙类。它们都是植食性恐龙。

蜥臀目恐龙

蜥臀目成员虽然没有鸟臀目那么多，但也不少，可分为兽脚类和蜥脚类。这其中,兽脚类恐龙几乎都吃肉,而所有的蜥脚类都是吃素的。

犹他盗龙

鸟臀目的发展

鸟臀目恐龙出现于晚三叠纪，但当时十分稀少。事实上，它们在侏罗纪晚期之前都是稀有动物，在进入侏罗纪晚期之后才逐渐繁盛起来。到了白垩纪晚期，鸟臀目的数量已经位列恐龙之首。

恐龙的食性

不同的恐龙拥有不同的食物来源。古生物学家根据食性的不同，将恐龙分为植食性、肉食性和杂食性。通常，食性不同的恐龙有着不同的生活习惯。

植食性恐龙

蜥脚类和大部分鸟臀目的恐龙都是植食性恐龙，主要以各种植物，如柏树、银杏和蕨类植物等为食。通常，身材高大的植食性恐龙喜欢吃树梢的嫩枝叶，而矮小的只能吃低矮的植物。

植食恐龙的牙齿

植食性恐龙的牙齿扁平粗壮，有的像勺子，有的像木棒，有的像叶片，适合切割或研磨。它们进食时，会先用牙齿将枝叶剪切下来，然后慢慢咀嚼。

似鳄龙捕食猎物

肉食性恐龙

兽脚类几乎都是肉食性恐龙。它们的后肢很强健，爪子很锋利，视力很好，牙齿十分锐利，喜欢吃植食性恐龙、小型爬行类及哺乳类等。

杂食性恐龙

有一小部分兽脚目和鸟臀目恐龙属于杂食性恐龙。它们嘴就像鸟喙一样，里面没有或只有少量牙齿，主要以昆虫、恐龙蛋或植物为食。

恐手龙属于杂食性恐龙

阿根廷龙

转变的食性

最早出现的恐龙可能都是肉食性恐龙。后来，由于食物减少，许多恐龙开始以容易得到的植物为食，最后彻底转变成了植食性恐龙。而杂食性恐龙可能是由一些小型肉食性恐龙和植食性恐龙转变而来的。

蜥脚类恐龙

蜥脚类恐龙是陆地上出现过的最大的动物，它们大多体形在10米以上，有些甚至能够达到30米以上。蜥脚类恐龙虽然体形庞大，但性情很温和，不喜欢争斗，最喜欢伸长脖子吃树上的嫩叶。

阿根廷龙

外形特征

蜥脚类恐龙是体态笨重的大家伙，它们拥有长脖子、长尾巴和小脑袋，肥硕的身躯就像大酒桶一般，大多数需要粗壮有力的四肢支撑才能够行走。

无法咀嚼

蜥脚类恐龙嘴里都长着许许多多的牙齿，但却不够锋利，而且无法进行咀嚼，所以它们只能以植物的茎叶为食。

特殊的脚掌垫

蜥脚类恐龙脚下可能都长有将脚趾垫起来的脚掌垫，在身体与地面之间起缓冲作用，这样它们在行走的时候，四肢不会因为要支撑沉重的身体而太吃力。

蜥脚类恐龙的脚掌

长尾巴

一些蜥脚类恐龙的长尾巴末端长有槌或鞭状物，这是它们的自卫武器。如果有敌人袭击它们，它们就会用长尾巴狠狠抽打敌人。

马门溪龙

马门溪龙以长脖子著称，它们的脖子能长到15米左右，接近身体的一半

长脖子

蜥脚类恐龙主要吃的是树叶，而当时树木都非常高大，嫩枝嫩叶都在树顶。为了适应周围环境，它们长出了长脖子。此外，长脖子还能让蜥脚类恐龙在奔跑时，身体保持平衡。

兽脚类恐龙

在恐龙家族中，有一群用后肢行走、奔跑迅速的猎食者，它们就是兽脚类恐龙。兽脚类恐龙在三叠纪晚期刚出现的时候还比较弱小，但到了侏罗纪早期就开始成为陆地上居于食物链顶端的肉食性动物，一直到白垩纪结束为止。

正在捕食的异特龙

外形特征

兽脚类恐龙种类比较多，大多拥有粗长的后肢、锐利的钩爪、巨大的脑袋和锋利的牙齿。此外，它们的脖子很短，前肢比较短小，身上披着鳞片或羽毛。

巨大的牙齿

兽脚类恐龙的牙齿一般都比较大，向后弯曲，边缘还布满许多小锯齿。这种牙齿能够轻易将猎物身上的肉割断或撕成碎片。

繁杂的食性

兽脚类恐龙大多数拥有强大的捕食能力，是专职的狩猎者。不过，它们中有一部分生性比较懒惰，主要以腐烂的动物尸体为食。此外，还有一部分兽脚类恐龙放弃了单一食性，成为杂食性恐龙。

永川龙捕猎

棘龙的上下颌又长又窄，有点像鳄鱼的头，非常适合捕捉鱼

棘龙

棘龙是一种兽脚类恐龙，主要以捕鱼为生。它们体形巨大，身长超过15米，前肢比较细短，但后肢和尾巴都很粗壮，扁长的嘴巴里长满了圆锥形的牙齿，而背上长着非常显眼的帆状棘。

艾雷拉龙

艾雷拉龙是一种非常独特的恐龙，它们有蜥臀目和鸟臀目恐龙的特征，也有和所有恐龙都不同的特征。这让科学家一直不能确认它们的分类。不过，目前大部分科学家还是将艾雷拉龙分在兽脚类中。

艾雷拉龙

鸟脚类恐龙

在恐龙家族中，有一类成员能用强壮的后肢行走和奔跑，有些地方和鸟类很相似，人们称它们为鸟脚类恐龙。鸟脚类恐龙体形差异很大，有的体长不到 1 米，比如异齿龙，有的却有 10 多米长，比如鸭嘴龙。

外形特征

鸟脚类恐龙嘴形类似现代鸟类的角质喙，嘴里长有便于咀嚼的牙齿。它们的前肢较短，上面长有指爪，后肢长，脚上有 3 根脚趾，类似鸟类。

异齿龙

异齿龙是侏罗纪早期一种鸟脚类恐龙，虽然只有 1.5 米长，但后肢强健，善于奔跑。

异齿龙

行走方式

大多数鸟脚类恐龙都是吃植物的，它们既能四肢行走，也能用两条后肢行走。鸟脚类恐龙都很擅长奔跑，因为它们要靠奔跑来逃避天敌。

棱齿龙是一种身材小巧的鸟脚类恐龙，它们的前肢短小，后肢修长，尾巴与身体水平，体形非常适合快速奔跑

禽龙

禽龙是一种大型鸟脚类恐龙，它们四肢粗壮，前肢拇指上有一个坚硬的尖爪，嘴后端有100多颗牙齿。通常，它们采用两足行走、奔跑，但随着年龄及体重的增加，会多采取四足行走和奔跑。

禽龙的尾巴非常粗重，能起到平衡身体的作用

主要种类

鸟脚类恐龙是鸟臀目中最早出现的一大支系，是其他鸟臀类恐龙进化的主干。它们种类庞杂，包括异齿龙类、棱齿龙类、禽龙类、鸭嘴龙类等。

鸭嘴龙

剑龙类恐龙

侏罗纪早期，地球上出现了一类恐龙，它们行动缓慢，用四足行走，身上长着巨大的甲板和棘刺，大多生活在河湖之滨的丛林中，这就是剑龙类恐龙。

华阳龙背部的骨板最为巨大，而颈部和臀部的骨板比较小

外形特征

剑龙类恐龙体长普遍在7米左右，脖子比较短，背部拱起，上面长有两列竖立的骨质剑板，尾部还有几条巨大的骨刺。不过，身体虽大，但它们并不聪明，因为它们头很小，脑袋只有核桃大小。

钉状龙

巨大的尾刺

剑龙类恐龙的尾刺非常巨大，能达到1米长，是打击敌人的主要武器。当敌人进犯时，剑龙类恐龙会左右挥动尾巴，威慑敌人。如果敌人不肯后退，它们就会用尾刺狠狠地抽打敌人。

骨板的作用

剑龙类恐龙身上的巨大骨板主要是用来防御敌人的。同时，它们也能让剑龙类的身体显得更大，从而迷惑敌人。此外，骨板还具有调节体温的作用。

剑龙

华阳龙

华阳龙是一种体形比较小的剑龙类恐龙，身长只有约4米。它们从头到尾都长有骨板或棘刺，尤其是肩膀部位的棘刺十分巨大尖锐，是厉害的防御武器。

剑　龙

剑龙是侏罗纪晚期出现的一种植食性恐龙，它们的头很小，拥有像鸟一样的尖喙，脊背高高拱起，就像一座小山，上面排列着两列大小不等的多角形骨质棘板，尾巴末端还有两对1米多长的骨刺。

甲龙类恐龙

甲龙类是恐龙家族中的“坦克”，拥有非常强大防御能力。由于向防御方面发展，它们的身体在进化过程中变动不大，主要形成了两个类型：较轻便的结节龙类和很笨重的背甲龙类。

甲龙

外形特征

甲龙类恐龙长得又矮又壮，行动很笨拙。它们的头部较小，四肢短而粗壮，尾巴比较细，全身除了腹部以外均被发达的骨甲覆盖，有的种类身上还嵌有小骨和骨棘。

怪嘴龙是一种甲龙，长着喙状嘴，上下颌长满了牙齿

多刺甲龙科

多刺甲龙科是一个备受争议的分类，目前为止都还没有定论。有人认为它是独立的科，有人认为它应该属于结节龙科，也有人认为它们属于甲龙科。

蜥结龙

蜥结龙

蜥结龙属于结节龙类，是一种性情温和的恐龙，体形不大，不善于奔跑，全身披着锯齿状的“装甲”。遇到危险时，它们能蜷起身体，形成刺球，让猎食者无处下嘴。

克氏龙

克氏龙是一种中等体形的甲龙类恐龙。它们的身体从颈部开始有鳞甲，身体两侧的鳞甲是对称的，尾巴末端有棒状尾槌。

克氏龙

甲龙

甲龙属于背甲龙类，它们的四肢、脖子比较短，身体很笨重，只能缓慢爬行，但防御措施相当完善，除了身上厚厚的鳞甲外，背上还有两排棘刺，头顶上还有一对角，尾巴就像一个大铁锤。

角龙类恐龙

角龙类恐龙是生活在白垩纪时期的一类植食性恐龙，曾成群生活在当时的北美洲和亚洲的森林、草原上。角龙类恐龙是最后出现的一类鸟臀目恐龙，被称为恐龙家族的“末代骄子”。

恶魔角龙

外形特征

角龙类恐龙都长着巨大的喙状嘴，里面布满了带锯齿的牙齿，数量有上百颗。大多数角龙类恐龙头上长有大角和巨大的颈盾。此外，它们的四肢粗短，后肢比前肢长，脚趾上有蹄状爪。

三角龙

在所有角龙类恐龙中，三角龙是最著名、最厉害的。它们的额头上长着两根 1 米多长的大角，鼻子上还长着一根短角。这三根角都是实心的骨头，非常坚硬。另外，三角龙还拥有非常结实粗壮的身体和巨大的颈盾。

三角龙

群居生活

角龙类恐龙一般成群生活在一起，它们大部分的时间都用来进食。当遭到袭击时，成年的角类恐龙会用尖角和颈盾攻击袭击者，保护自己和幼崽。

鹦鹉嘴龙属于角龙类，但头上没有长角

亚伯达角龙

亚伯达角龙是白垩纪晚期生活在北美地区的一种角龙。目前，人们只找到亚伯达角龙一个完整的头部化石和一些身体的碎片。从化石上看，它们长有额角和鼻角，颈盾后方有两个向外弯曲的大型钩角。

亚伯达角龙的喙状嘴可以撬开坚硬的果实

以植物为食

角龙类恐龙主要以棕榈科与苏铁等植物为食。不过，它们的头部比较低矮，很难吃到高处的植被。

一群三角龙

肿头龙类恐龙

肿头龙是白垩纪末期出现的一种奇特的小型鸟脚类恐龙。它们有的头顶高高隆起，有的头顶平坦，头上还长着骨质突起或尖刺。不管头部形状如何，这类恐龙的头顶骨头都非常厚实。

剑角龙

外形特征

肿头龙类体形不大，一般只有4~5米长，头颅比较圆，头顶向上隆起。它们前肢短，后肢长，用两足行走，嘴部前端为角质喙，里面有尖锐的牙齿。

厚实的头骨

肿头龙类的头骨出奇得厚实，可超过20厘米，有的种类头上还长有尖刺，比如冥河龙。在发生争斗时，肿头龙类喜欢用头颅撞击敌人，就像现今的山羊一样。

生活习性

肿头类恐龙一般成群生活，主要依靠灵敏的嗅觉和视觉来躲避敌人。在争夺首领时，它们会以撞头的方式来进行。在繁殖季节，它们也会用这种方式来争夺配偶。

厚厚的头骨是肿头龙主要的防御武器

冥河龙

冥河龙是一种较小的肿头龙类恐龙。它们的前肢细小，后肢粗壮，尾巴又长又坚硬，足球大小的圆脑袋上长满了大大小小的尖刺。这些漂亮的尖刺可以防御和进攻，也能在繁殖季节吸引异性。

冥河龙奇特的头

肿头龙

肿头龙是最著名的肿头龙类恐龙。它们体形较小，只有约 4.5 米长，拥有粗短的颈部、短前肢、长后肢和带有锯齿的锋利牙齿，头骨厚度可达 25 厘米，可以和任何一种恐龙相冲撞。

龙王龙

恐龙化石

恐龙死后，它们的躯体和生活痕迹会被泥沙掩埋在地下，经过几千万年的沉积作用，有些就会变成化石。恐龙化石是人们研究恐龙的重要途径，能让人们知道恐龙的种类、数量以及生活环境等。

恐龙蛋化石

巢蛋化石

恐龙巢和蛋化石的研究有助于人们研究恐龙的繁殖习性。例如恐龙在胚胎里是怎么发育的、恐龙蛋是什么样的、恐龙是怎么产蛋的等等。此外，人们通过研究恐龙蛋，还能了解恐龙的演化和分类。

胃石

在有些植食性恐龙的胃部，科学家发现了一些光滑的石头，他们认为这可能是植食性恐龙用来帮助自己消化食物的胃石。

齿印化石

肉食性恐龙在捕猎时会在猎物骨骼上形成撕咬的痕迹，这些痕迹有时会随猎物遗体变成化石保存下来。虽然留存下来的牙印化石不多，但却能帮人们了解恐龙的捕食关系。

恐龙骨骼中的矿物质经过千百万年地缓慢分解和重新结晶，变得十分坚硬，最终成为化石

体躯化石

体躯化石主要包括恐龙的骨骼化石、牙齿化石，以及少量的皮肤印痕化石、羽毛化石等。它们可以帮助人们了解恐龙的形态。

足迹化石

恐龙在地面行走时留下的足迹，也能形成化石保留下来。通过足迹化石，人们可以了解到当时的环境和气候，以及留下足迹的恐龙的信息。

恐龙脚印化石

恐龙的发现地

特暴龙

恐龙化石在地球上存在了数千万年，人们很早以前就发现了它们的踪迹。不过，那时人们并不清楚那就是恐龙的化石，直到古生物学家曼特尔发现了禽龙化石，人们才初步确定这是一类早已灭绝的爬行动物。目前世界上七大洲都发现过恐龙化石。

亚洲发现地

亚洲的恐龙发现地主要位于中国的四川省、辽宁省和蒙古等。亚洲的恐龙化石种类众多，包括著名的马门溪龙、鹦鹉嘴龙、华阳龙、特暴龙、帝龙和巨盗龙等恐龙的化石。不过，人们没有在这里发现肿头龙类的化石。

欧洲发现地

欧洲主要的恐龙化石发现于英国、法国、德国、西班牙等国境内。除了角龙类和肿头龙类恐龙，其他类的恐龙化石都有，例如欧罗巴龙、板龙、禽龙、始祖鸟等。

非洲发现地

非洲的恐龙化石发现地主要集中在非洲北部地区。此外，非洲东部的马达加斯加岛和坦桑尼亚以及南非也各有发现。非洲发现的恐龙主要有大椎龙、鲨齿龙、棘龙、似鳄龙等。到目前为止，人们尚未在非洲发现甲龙类、角龙类和肿头龙类恐龙的化石。

似鳄龙

大洋洲与南极洲发现地

大洋洲目前发现的恐龙化石很少，主要有雷利诺龙、迪亚曼蒂纳龙和敏迷龙。南极洲是目前恐龙化石发现种类最少的大洲，已发现的比较有名的恐龙就是冰脊龙。

冰脊龙

美洲发现地

北美洲的恐龙化石发现地主要位于美国西北部和加拿大南部，鸟臀目和蜥臀目所有大类的恐龙化石在这里都有发现，例如梁龙、迷惑龙、霸王龙等。南美洲的恐龙化石发现地位于巴西和阿根廷，主要恐龙有阿根廷龙、始盗龙等。

欧罗巴龙

恐龙的诞生与成长

恐龙这种庞然大物和其他爬行动物一样，都是从蛋里孵化出来。它们同样要经过危险的成长过程才能最终长大。不过，不同的恐龙生的蛋不同，蛋的孵化方式不同，幼崽的成长方式也不同。

多样的恐龙蛋

不同种类的恐龙产下的蛋也是不一样的，有椭圆形、圆球形和橄榄形等各种形状；有些恐龙的蛋壳上有花纹，有些没有；有些恐龙的蛋很大，有些恐龙的蛋很小。不过大体上，恐龙蛋都比恐龙小得多，因为蛋越大，外壳越厚，不利于孵化。

恐龙蛋

恐龙蛋化石

需要照顾

有些恐龙从壳里孵化出来时，发育程度还是比较低的，无法自己独自生活，需要父母照顾一段时间。这一类恐龙会把蛋产在自己的巢里，然后利用体温进行孵化，如慈母龙。

产生疾病

恐龙也会产生疾病，但恐龙早已灭绝，人们只能通过研究化石，推测恐龙会得什么样的疾病。

一群腕龙

独立生活

有些恐龙在破壳而出的时候就有了很高的发育程度，可以独自生活，如梁龙。这一类恐龙不会照顾、孵化自己的蛋，也不会去照顾小恐龙。

艰难成长

恐龙的成长十分艰难。它们还是蛋时，就要面对有偷蛋习性的恐龙的威胁。出生后，它们还要时刻提防肉食动物的猎食。因此，许多恐龙为了保证有后代能存活下来，会一次性产许多蛋。另外，有些恐龙还会集体生育，共同保卫后代。

恐龙蛋的蛋壳太厚，空气就无法进入，小恐龙就会被闷死

恐龙蛋的大小特别悬殊，小的跟鸭蛋差不多，大的比篮球还大

恐龙的皮肤

恐龙的皮肤是人们研究恐龙的一个重要方面。人们通过对恐龙化石进行复原后发现，恐龙的皮肤可能非常厚，具有一定的保护功能，同时皮肤伸缩性比较好，使得它们在奔跑行走时，不会受到厚实皮肤的影响。

巨刺龙的皮肤上长有鳞甲

皮肤的用途

恐龙的皮肤主要用来保护身体内部柔软的组织。同时，它们的皮肤还具有阻止水分蒸发和调节体温的功能。

皮肤颜色

植食性恐龙的皮肤可能是棕色或者草绿色的，能和周围环境融为一体。而肉食性恐龙的皮肤颜色可能很鲜艳，看起来更有威慑力。

布满鳞甲

大部分恐龙与现今的爬行动物比较相似，皮肤上长着坚硬的鳞甲，比较粗糙，和蛇皮很像。这为它们带来了一定的防御能力，能较好地保护自身安全。

甲龙的皮肤

长有羽毛

一部分恐龙的皮肤上除了长有鳞片，还长有羽毛，比如帝龙、尾羽龙等。这些羽毛大多比较原始，无法用于飞行，但可以隔绝空气，保持体温，或者在繁殖季节用来求偶。

尾羽龙的皮肤上长有羽毛

华丽羽王龙

2012 年，中国辽宁省出土了一种大型恐龙的化石。由于化石上保留着精美的羽毛，这种恐龙被命名为“华丽羽王龙”。

似鳄龙用后肢行走

恐龙的行走方式

和现今的爬行动物不同，恐龙可以直立行走。而且不同的恐龙行走方式不一样，它们有的用四肢行走，有的用后肢行走，还有的既能用四肢又能用后肢行走。

四肢行走

植食性恐龙的体形一般都比较大，体重能达到数千甚至上万千克，例如梁龙。如此庞大的身体需要粗壮的四肢才能支撑，因此它们需要用四肢行走。

行走方式的转变

早期的恐龙可能都是用后肢行走的。后来，由于体形越来越大，为了增加自身的稳定性，一部分恐龙开始尝试用四肢行走，最终演变成四足恐龙。

最早站立起来的爬行动物

最早的能站立起来的爬行动物出现于二叠纪。当时，有一种名叫阿科坎瘤头龙的爬行动物，它们的前肢能直立在身体下方，具有用四肢直立行走的能力。

特暴龙

后肢行走

用后肢行走的恐龙大部分是肉食性恐龙，例如霸王龙、食肉牛龙等。它们后肢非常强壮，前肢非常短小，这种差异可能是由于它们长期用后肢行走，前肢很少使用且逐渐退化造成的。

四肢或后肢行走

有一部分恐龙既能用后肢行走，也能用四肢行走，至于采取哪种行走方式，主要取决于所处的环境。比如，采食低矮的植物时，禽龙等会采用四肢行走；当遇到危险时，它们会用后肢站立，快速逃跑。

大型植食性恐龙的四肢十分粗壮，适合长途迁徙

禽龙喝水时，用四肢支撑身体

群居和独居

在恐龙的世界中，有些恐龙除了繁殖外，其他时间都是独来独往；有些恐龙一生都与同伴生活在一起；有些恐龙会按照季节的变化进行长途迁徙；还有些恐龙一生都生活在一个地方……这些生活方式，使得恐龙的生活变得丰富多彩。

独居生活

大型肉食性恐龙一般都过着独居生活。它们个体强大，而且需要大量的食物，群居生活会让它们的生活十分艰难。不过，到了繁殖季节，大型肉食恐龙会和伴侣一起生活。

霸王龙一般会独自捕食，用它们的大嘴将猎物撕碎

恐爪龙

恐爪龙是一种小型肉食恐龙。它们每一个都非常厉害，但是捕猎时不独自行动，而是成群出击。它们会有组织地将猎物围住，然后用巨爪将猎物杀死。

群居生活

群居恐龙大多都是植食性恐龙，它们个体比肉食性恐龙弱小，需要以群体为单位，才能更好地抵御肉食性恐龙的进攻，让年幼的恐龙更好地存活下来。

一群峨眉龙

捕猎时聚集

有一些小型肉食恐龙平时独自生活，但是捕猎时会聚集在一起，共同捕猎，例如腔骨龙。平时，腔骨龙会独自四处游荡，但捕猎时会聚集成小群，共同围杀猎物。

如何判断

人们判断恐龙是否过着群居生活，主要是通过化石来进行的。如果一个区域内发掘出大量同一种恐龙的化石，而且恐龙的年龄有大有小，那么这种恐龙就很有可能过着群居生活。

恐龙迁徙

动物大迁徙是自然界中极其壮观的景象。不仅现今的动物会迁徙，古老的恐龙同样有迁徙的行为。通常，恐龙进行迁徙主要是为了过冬、寻找食物和进行繁殖等。

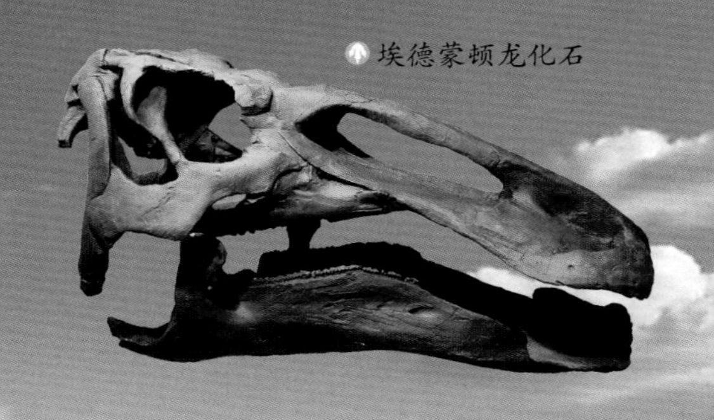

埃德蒙顿龙化石

迁徙过冬

当寒冷的冬季降临时，许多恐龙都要前往温暖的地带避寒，如果不及时迁徙的话就会很难存活下去。埃德蒙顿龙就是其中的典型。每年冬季，它们都会进行为期 3 个月的长途旅行，直到找到适合的地方过冬。

化石证据

通过对恐龙牙齿化石的研究，人们发现有些恐龙会有规律地在一年中不同的季节前往不同的地方饮水。这个发现为恐龙迁徙提供了证据。

牙齿化石

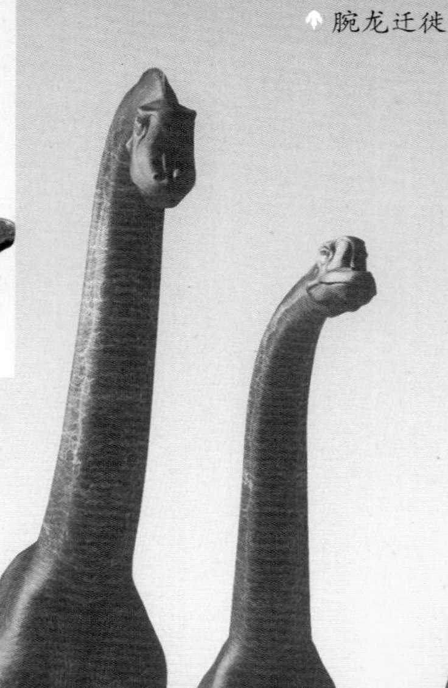

腕龙迁徙

阿根廷龙组成大群进行长途迁徙

寻找食物

蜥脚类恐龙的食量非常大，又总是成群生活在一起，因此它们很容易就能将一大片植物吃光。当食物缺乏时，它们就必须迁徙到食物充足的地方。另外，当觅食地的气候变得恶劣时，恐龙也必须进行迁徙，去寻找新的觅食地。

繁殖迁徙

除了寻找食物和躲避严寒外，还有一些恐龙会为了繁殖而进行迁徙。在繁殖季节到来之前，它们会前往食物丰富的地方，然后寻找配偶进行繁殖，以保障幼崽出生后有足够的食物吃。

捕食盛宴

科学家研究发现，在植食性恐龙进行大迁徙时，许多肉食性恐龙就会一路跟随，寻找机会进行捕猎。

冷血还是热血

众所周知，有些动物的体温会随着环境温度变化而变化，它们被称为冷血动物。而有些动物体温基本恒定，不会因为环境温度变化而产生变化，它们被称为热血动物。恐龙是热血还是冷血一直都困惑着研究恐龙的人们。

冷血理论

现今的爬行动物都是冷血动物，恐龙作为爬行动物的一员，也可能是冷血动物。不过，冷血会使恐龙的新陈代谢变慢，导致它们行动缓慢，而这和大多数恐龙行动敏捷的认知不符。

科学家推测似鸟龙可能为热血动物

热血理论

恐龙体形巨大，生长十分迅速，大都行动敏捷，能直立行走，消耗的能量比较多，需要良好的新陈代谢才能及时补充能量。因此，有人认为恐龙有可能是热血动物。

大部分冷血

笼统地说恐龙是冷血或热血都不对。或许，活动量大、新陈代谢快的恐龙，例如兽脚类，是热血的。而大部分恐龙是冷血动物，需要依靠环境调节体温。

中温理论

除了冷血理论和热血理论,还有一些科学家们提出了中温理论。这些科学家认为,恐龙有可能是介于冷血动物和热血动物之间的中温动物,它们能控制自己的体温比环境温度高,但并不保持稳定。

剑龙可能是冷血动物,它们背上的骨板可能会在早上吸收太阳的热量,而中午会把多余的热量散发出去

和体形有关

曾有研究称,恐龙的体形越大,体温就越高;小型恐龙的体温和现在的爬行动物一致,基本保持在25℃左右。

恐龙灭绝

6500 万年前的白垩纪晚期，地球上发生了生物大灭绝事件，大多数植物和动物都灭绝了。这其中就包括统治地球 1 亿多年的恐龙。

小行星撞击

恐龙在 1 亿多年的进化中，演化出了许多种类，它们有大有小，有强有弱，生活习性极不相同，如果不是有重大的变故，肯定不会突然灭绝。科学家猜测，是一颗小行星撞击地球引发了恐龙大灭绝。

没有完全灭绝

有人认为恐龙没有完全灭绝，而是进化成了别的动物。在科莫多岛，有一种头像蛇、身体像蜥蜴、四肢短粗的科莫多龙，认为是恐龙的后裔。

恐龙之死

小行星撞击地球后，遮天蔽日的灰尘导致植物和植食性动物大量死亡。食量巨大的恐龙不能适应急剧改变的环境，找不到足够的食物，只能被活活饿死，走向灭亡。

没有完全灭绝

“小行星撞击假说”的支持者找到了很多有力证据。他们在白垩纪晚期的地层中，找到了大量的铱元素和冲击石英。其中，铱元素是小行星带来的，冲击石英是撞击形成的。

小行星猛烈撞击地球，引起火山剧烈爆发，大量有害气体和火山灰进入大气

不同的观点

关于恐龙灭绝的原因，除了“小行星撞击说”，还有“火山同时爆发说”“传染病说”“恐龙蛋被其他动物偷吃说”等多种说法。大多数人倾向于恐龙灭绝是多种因素导致的，而不是某个单一原因。

火山爆发造成恐龙灭绝

恐龙公墓

恐龙公墓是指恐龙遗体集中在一起的现象，它是自然形成的。恐龙墓中一般会有各种各样的恐龙，它们往往是生前突然遭遇自然灾害被迅速埋葬在了一起。

禽龙墓

比利时伯尼萨有一座煤矿，矿工在挖煤时，发现了巨大的动物骨骼化石。经古生物学家鉴定，那是禽龙的化石。后来，人们历时3年，从煤矿中挖掘出几十具恐龙化石。

禽龙骨骼化石

大山铺恐龙墓

中国四川省自贡市大山铺镇有一个巨大的恐龙墓，里面埋藏着大量各类恐龙化石和其他动物化石。人们经过研究后认为，墓中的化石一部分是恐龙在该地死亡后埋葬形成的，一部分是恐龙在其他地方死亡后，因地壳运动而被搬运过来形成的。

尖角龙墓

1985 年，人们在加拿大的阿尔伯达发现了一座尖角龙墓，其中掩埋着数百具尖角龙化石，而且各个年龄段的都有。有人猜测，在数千万年前，一个庞大的尖角龙群在迁徙途中渡河时，突然遭遇山洪暴发，许多尖角龙被淹死，最终形成化石。

尖角龙化石

腔骨龙墓

加拿大的阿尔伯达恐龙公园

1947 年，人们在美国一个农场附近发现了一个恐龙化石坑，里面有数百具腔骨龙化石。它们横七竖八地堆叠在一起，各个年龄段的都有。科学家推测，它们是一个族群，后来突然遭遇某种自然灾害，全部死亡，被掩埋在地下。

恐龙墓葬群

中国云南省有一个恐龙墓葬群。那里不到 30 平方千米的地方分布着数百具恐龙化石，既有侏罗纪时期的，也有白垩纪时期的，时间跨度几千万年。

加拿大皇家蒂勒尔博物馆

加拿大皇家蒂勒尔博物馆位于加拿大艾伯塔省中部的德拉姆黑勒镇，是加拿大著名的古生物博物馆。这里收藏了大量恐龙化石，包括从三叠纪到白垩纪末期的各种恐龙，其中大部分是在当地发掘出来的。

自贡恐龙博物馆

中国四川省自贡市有世界著名的“大山铺恐龙化石群遗址”，自贡恐龙博物馆就建在这里。博物馆内收藏的恐龙化石标本几乎囊括了侏罗纪时期的所有已知恐龙种类。此外，馆内还有恐龙皮肤、恐龙蛋、恐龙足迹等稀有的恐龙遗迹化石。

四川自贡恐龙博物馆

美国国立恐龙公园

恐龙小镇

德拉姆黑勒镇自从发现了恐龙就一夜成名，被称为“恐龙小镇”。这里到处都是各式各样的恐龙模型，每年吸引50多万人前来参观。

美国国立恐龙公园

美国国立恐龙公园是世界上最大的恐龙博物馆，它实际上是一座古生物博物馆，但因为有很多恐龙化石而被人们叫作恐龙博物馆。在馆内，人们能看到1000多具恐龙骨骼化石，包括梁龙、雷龙、圆顶龙、剑龙等。

加拿大皇家蒂勒尔博物馆内的恐龙化石

图书在版编目（CIP）数据

遇见恐龙．恐龙！恐龙！/ 瑾蔚编著．— 西安：陕西科学技术出版社：未来出版社，2018.10
ISBN 978-7-5369-7368-8

Ⅰ．①遇… Ⅱ．①瑾… Ⅲ．①恐龙—少儿读物 Ⅳ．①Q915.864-49

中国版本图书馆 CIP 数据核字（2018）第 204643 号

遇见恐龙
YUJIAN KONGLONG
恐龙！恐龙！
KONGLONG KONGLONG
（瑾　蔚　编著）

责任编辑　孟建民　高小雁
封面设计　许　歌　李亚兵

出 版 者　陕西新华出版传媒集团　未来出版社　陕西科学技术出版社
　　　　　西安市丰庆路 91 号　邮编 710082　电话（029）84288458
发 行 者　未来出版社
　　　　　西安市丰庆路 91 号　邮编 710082　电话（029）84288458
印　　刷　陕西金和印务有限公司
开　　本　185mm × 260mm　1/16
印　　张　3
字　　数　69 千字
版　　次　2018 年 10 月第 1 版
印　　次　2018 年 10 月第 1 次印刷
书　　号　ISBN 978-7-5369-7368-8
定　　价　18.00 元